TRAITEMENT ABORTIF DE LA BLENNORRHAGIE

QUATRE CAS D'ADÉNOME DE LA VESSIE

RÉSULTATS ÉLOIGNÉS DE L'INTERVENTION CHIRURGICALE

DANS LES

TUMEURS VÉSICALES

Par le Dr Boleslas MOTZ

Lauréat de l'Institut (Académie des Sciences) et de l'Académie de Médecine.

Communications faites au Congrès d'Urologie de 1899

CLERMONT (OISE)

IMPRIMERIE DAIX FRÈRES

3, PLACE SAINT-ANDRÉ, 3

1900

Te 23

5

TRAITEMENT ABORTIF DE LA BLENNORRHAGIE

QUATRE CAS D'ADÉNOME DE LA VESSIE

RÉSULTATS ÉLOIGNÉS DE L'INTERVENTION CHIRURGICALE

DANS LES

TUMEURS VÉSICALES

Par le Dr Boleslas MOTZ

Lauréat de l'Institut (Académie des Sciences) et de l'Académie de Médecine.

Communications faites au Congrès d'Urologie de 1899

CLERMONT (OISE)

IMPRIMERIE DAIX FRÈRES

3, PLACE SAINT-ANDRÉ, 3

1900

TRAITEMENT ABORTIF DE LA BLENNORRHAGIE

PAR

Le Docteur B. MOTZ

A la dernière session de l'Association d'Urologie, j'ai présenté les résultats comparatifs du traitement abortif de la blennorrhagie par les lavages de l'urèthre antérieur (méthode de Janet), et par les lavages de deux urèthres.

Sur 14 cas traités par la méthode de Janet, j'ai eu le résultat très favorable dans 9 cas et dans 5 cas j'ai observé la propagation de la lésion vers l'urèthre profond. La durée moyenne du traitement de ces derniers cas était de 33 jours.

En présence de ces échecs, j'ai modifié la méthode de Janet et j'ai commencé à laver d'emblée les deux urèthres.

Dans 9 cas où j'ai suivi cette méthode et que j'ai pu présenter à la dernière session de l'Association d'Urologie, je n'ai pas eu un seul échec. Pendant toute la durée du traitement qui, dans 7 cas, était en moyenne de 9 jours et dans deux cas de 13 et de 15 jours, j'ai pu retenir la lésion localisée dans la fosse naviculaire et mener le traitement avec un écoulement uréthral à peine visible.

Depuis la dernière session, j'ai eu l'occasion d'appliquer la même méthode encore dans 16 cas, ce qui fait, avec les cas précédents, le total de 25 cas.

Sur ces 25 cas, j'ai eu un résultat très favorable dans 23 cas, au contraire dans deux cas j'ai eu un échec complet.

Je dirai d'abord quelques mots de ces deux derniers cas.

Dans le premier cas, il s'agit d'un étudiant que nous avons vu avec M. Noguès et qui est venu nous voir avec un écoulement qui datait depuis quatre jours.

Le méat n'était pas très rouge, la miction était indolore, mais à la pression nous avions fait soudre une grosse goutte légèrement jaunâtre. L'urine du second verre était claire. L'absence de réaction inflammatoire, malgré l'abondance de sécrétion uréthrale, m'a engagé à tenter le traitement abortif. J'ai commencé immédiatement les lavages au permanganate de potasse, mais dès la deuxième séance, j'ai vu que j'aurais des difficultés énormes pour passer jusqu'à la vessie. Malgré la cocaïne je ne pus que rarement faire le lavage des deux urèthres. Le traitement dura quarante-trois jours.

L'autre malade se présenta dans des conditions très favorables pour le traitement abortif : la sécrétion uréthrale ne datait que depuis 36 heures, le méat n'était pas gonflé et le malade n'éprouvait aucune douleur à la miction. Malheureusement dans ce cas aussi, je n'ai pas pu appliquer le traitement méthodique par les lavages des deux urèthres : il m'a été impossible de laver l'urèthre postérieur.

La lésion se propagea jusqu'à l'urèthre postérieur. La blennorrhagie n'a été guérie qu'au bout de 39 jours de traitement.

Nous pouvons diviser en deux groupes les 23 cas où le résultat était très favorable : 1° Les cas dont le traitement ne dépassa pas 14 jours, et 2° les cas dont le traitement était plus long.

La première catégorie présente le total de 18 cas avec la durée moyenne de 11 jours, et la seconde 5 cas dont la durée moyenne de traitement est de 16 jours.

Les malades qui ont pu subir le traitement méthodique par les lavages des deux urèthres avaient, pendant le traitement, l'état local très satisfaisant. Presque dans tous les cas, l'écoulement uréthral était à peine perceptible. Les malades pouvaient vaquer à leurs occupations sans éprouver aucune gêne par l'état inflammatoire de l'urèthre ; ils n'avaient pas besoin de se garnir pour protéger leur linge :

presque toujours un peu de coton a suffi pour empêcher de salir la chemise.

Comme complication je n'ai observé qu'un cas d'uréthrorrhagie assez abondante pour être signalée. Il s'agit d'un de nos confrères qui a eu un jour à la fin de la miction une uréthrorrhagie assez prononcée. J'ai continué mon traitement et l'uréthrorrhagie a cessé complètement.

La rapidité de disparition des gonocoques est très variable. Dans certains cas, les gonocoques ont disparu dès les premiers lavages ; dans les autres, au contraire, on a pu les trouver au bout d'une douzaine de jours.

L'urine sauf les premières gouttes reste toujours claire.

Le mode de traitement, que j'ai suivi dans ces cas, est à peu près le même que j'avais exposé à la séance de l'année dernière.

Je commence le traitement par le lavage de 5 à 6 cent. de l'urèthre antérieur avec les solutions au permanganate de potasse à 1 pour 500. Puis, segment par segment, je lave tout l'urèthre antérieur. Douze heures après je lave de la même façon l'*urèthre postérieur* avec la solution de permanganate de potasse à 1 pour 1000, je change la solution, j'augmente la pression et je lave les *deux* urèthres avec la solution à 1 pour 2000.

Si je vois après ces deux séances une grande modification dans l'aspect de la sécrétion uréthrale, je continue à faire une fois par jour le lavage de l'urèthre antérieur et douze heures après le lavage des deux urèthres, toujours avec la solution de permanganate de potasse à 1 pour 2000. Dans les cas où les deux premières séances n'ont pas influencé favorablement la sécrétion uréthrale, je fais encore à la troisième et quelquefois même à la quatrième séance le lavage de l'*urèthre antérieur* à 1 pour 1000, au lieu de la solution à 1 pour 2000.

Faite de cette façon, la méthode abortive est très simple, et pour l'appliquer on n'a pas besoin de longs exercices. Il n'y a qu'une seule question qui est assez délicate, c'est de savoir combien de jours il faut faire *deux* lavages par jour. Si on trouve les gonocoques il faut continuer de faire deux lavages par jour et même dans les cas où les gonocoques ne sont pas visibles au microscope, il ne faut pas passer à un seul lavage par jour, si les premières gouttes d'urine ne s'éclaircissent pas.

Le traitement doit être cessé seulement quand la sécrétion uréthrale a disparu et quand les premières gouttes d'urine sont complètement claires.

M. NOGUÈS (de Paris). — A l'appui des conclusions du Dr Motz, je dirai que tout le secret du traitement abortif de la blennorrhagie me paraît résider dans les deux points suivants : d'abord la nécessité de n'intervenir que chez les malades qui sont encore à la période préinflammatoire de la blennorrhagie et de s'abstenir de tout traitement chez ceux qui sont entrés dans la période des accidents aigus ; en second lieu, saisir avec précision l'indication du lavage de l'urèthre postérieur. Sur ce point, après avoir défendu des opinions un peu différentes, je me déclare partisan résolu du lavage systématique de l'urèthre postérieur. Sans doute, on peut avoir des succès en ne lavant que l'urèthre antérieur, mais c'est là l'exception et comme il est difficile de saisir le moment précis où se fait l'infection de l'urèthre postérieur, il vaut mieux ne pas s'abstenir et procéder à une désinfection complète. Or le mérite M. Motz a été de nous indiquer une heureuse formule qui nous permet de laver la totalité du canal sans avoir ces réactions vives, ces douleurs aiguës, ces uréthrorrhagies et même ces rétentions qui ont été signalées. Depuis un an, j'emploie dans son intégralité la méthode de M. Motz, et si je n'ai pas de résultats chiffrés à apporter, je garde la conviction profonde que cette méthode a une incontestable supériorité autant au point de vue des accidents à l'abri desquels elle nous met que des résultats thérapeutiques qu'elle fournit.

QUATRE CAS D'ADÉNOME DE LA VESSIE

PAR

Le Docteur B. MOTZ

Les adénomes de la vessie sont relativement très rares. On n'en trouve jusqu'à présent dans la littérature médicale que cinq cas dont le diagnostic est indiscutable, ce sont les observations de Wides, Kaltenbach, d'Albarran, de Frisch, de Wittzack et de Clado. Le premier cas d'adénome vésical a été publié par Klebs. Klebs exprima l'opinion que son origine est prostatique. Depuis cette publication, on a discuté à plusieurs reprises l'origine des adénomes de la vessie.

On sait qu'il existe une grande divergence d'opinion sur l'existence des glandes dans la muqueuse vésicale.

Le premier anatomiste qui parle des glandes de la vessie est Kölliker (*Anat. microscop.*, 1854), qui décrit dans le trigone vésical des petites glandes tapissées d'épithélium cylindrique.

Heule trouva aussi les glandes dans le col vésical.

Luschka mentionne leur présence, mais il pense qu'elles sont peu nombreuses.

M. Albarran, dans son Traité des tumeurs, donne le dessin d'une coupe de la vessie où dans la sous-muqueuse il existe des productions glandulaires.

Si pour les cas des adénomes de la vessie observés chez l'homme il est possible de les rattacher à la prostate, il est au contraire très difficile d'expliquer leur présence chez la femme, et pourtant Kaltenbach nous donne un cas d'adénome chez une femme.

En présence de la rareté des adénomes de la vessie, il nous sembla intéressant de présenter au Congrès d'urolo-

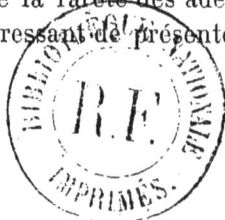

gie les quatre cas que nous avons trouvés parmi une centaine de tumeurs vésicales que nous avons pu étudier au point de vue clinique et anatomo-pathologique.

Le malade de la première observation présentait les symptômes nets d'un néoplasme vésical et il a été opéré il y a deux ans par M. le Prof. Guyon. Malgré que son adénome a subi une dégénérescence épithéliomateuse, son état général est encore bon. Nous donnons l'observation écrite par lui-même.

Les trois autres adénomes ont été trouvés, par moi, à l'autopsie de personnes âgées, atteintes d'une cystite chronique et de prostatisme vésical.

Toutes les tumeurs siégeaient au niveau du trigone vésical. Les recherches faites dans les organes voisins m'ont permis de constater la présence des lésions adéno-épithéliomateuses, une fois dans l'uretère correspondant à l'insertion de la tumeur et deux fois dans la prostate.

Il est extrêmement difficile à dire où se trouvait la tumeur primitive.

Dans le cas où il existait un néoplasme urétéro-vésical, le noyau urétéral n'était pas en continuité directe avec le néoplasme vésical, mais lui était presque contigu.

Les prostates des malades atteints d'un adéno-épithélioma vésico-prostatique, malgré la lésion très développée, ne présentaient rien d'anormal à l'œil nu : dans un cas la prostate était légèrement hypertrophiée, dans l'autre elle était plutôt petite.

OBSERVATION I.

1° Pendant six ou sept ans, sinon plus, j'ai éprouvé des hémorrhagies de la vessie. Elles n'étaient pas constantes, mais fréquentes. Elles avaient généralement lieu après l'urination, en gouttes quelquefois mêlées d'eau, fréquemment du sang presque pur.

2° Je n'y fis d'abord aucune attention ; ayant ensuite, par manière d'acquit, consulté des médecins, qui ne me parurent pas y attacher grande importance, je continuai à n'y attacher moi-même aucune importance.

3º Dans les deux ou trois dernières années ces hémorrhagies devinrent plus fréquentes et aussi plus abondantes ; parfois les urines étaient fortement mêlées de sang.

4º En septembre 1896 un médecin chirurgien de Baltimore, le Dr Gardner, me fit prendre certaines capsules, dont j'ai oublié le nom ; les hémorrhagies devinrent plus rares et finirent par s'arrêter.

Je me croyais complètement délivré, lorsque dans le courant du mois de mai 1897, elles recommencèrent mêlées à l'urine d'une façon constante et elles s'aggravèrent continuellement, si bien que dans le courant du mois de juin je passais des caillots de sang, parfois assez gros.

5º Ces pertes de sang m'affaiblirent beaucoup : le 17 juin, j'eus occasion d'aller de Baltimore, ma résidence, à Saint-Louis, dans le Missouri, où je consultai un chirurgien éminent, le Dr Bryson. Après un examen très sérieux, ce Docteur me déclara que j'avais une excroissance dans la vessie, ce qui du reste m'avait déjà été dit par le Dr Gardner, de Baltimore, et ajouta qu'une opération était nécessaire.

6º Vu l'état de faiblesse auquel ces pertes de sang m'avaient réduit, je ne pouvais guère subir une opération. Le Dr Bryson s'appliqua donc d'abord à arrêter les hémorrhagies. A cet effet il employa le lavage de la vessie, au moyen d'eau dans laquelle se trouvait, je crois, une légère dissolution de nitrate d'argent. Les hémorrhagies furent arrêtées après cinq ou six lavages, et je commençai à reprendre des forces. De temps en temps cependant je perdais encore du sang. Je remarquai alors, comme auparavant du reste, que c'était surtout après une fatigue, ou l'usage de viandes ou boissons échauffantes.

7º Au mois de novembre 1897, je quittai les Etats-Unis pour venir en France, prendre du repos dont j'avais grand besoin et que je ne pouvais pas avoir à Baltimore. A mon arrivée à Paris, je me mis entre les mains du Dr Guyon, qui ne me trouva pas dans un état général de santé assez satisfaisant pour subir un traitement local. A la fin de décembre je me trouvai assez fort et le 30 de ce mois, je subis une opération pour le plein succès de laquelle je garderai une profonde reconnaissance au Dr Guyon et à son digne collaborateur le Dr Duchastelet.

Je dois ajouter qu'à aucune époque je n'ai éprouvé de douleurs de la véssie.

Tumeur ayant la forme et le volume d'un petit doigt.

Le muscle vésical est très peu altéré ; dans plusieurs faisceaux musculaires on voit une hyperplasie du tissu conjonctif. Dans la sous-muqueuse, on trouve des plaques d'infiltration embryonnaire et de très nombreuses productions adénoïdes tapissées d'épithélium cylindrique stratifié. Cet épithélium n'est pas régulier.

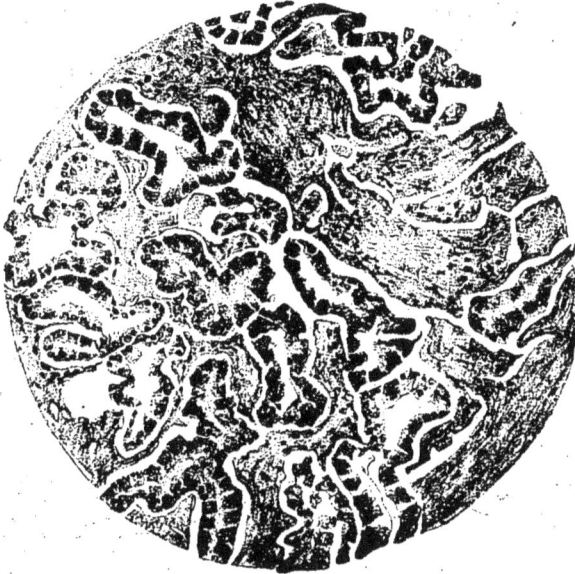

Fɪɢ. 1. — Adénome vésical dégénéré.

Le corps de la tumeur est composé de très nombreuses productions analogues. Le stroma qui les sépare est formé de tissu conjonctif jeune contenant de très nombreux capillaires. Dans certains points du stroma il existe de vraies lobes épithéliomateux.

Conclusion : épithéliome adénoïde.

OBSERVATION II

Le nommé A..., âgé de 68 ans, entré salle Velpeau, mort à l'hôpital Necker, service de M. le Prof. Guyon, le 13 juin 1894.

Blennorrhagie il y a quatre ans, ayant duré deux à trois mois. Le début des premiers symptômes de prostatisme remonte à quatre ans. Fréquence de la miction pendant la nuit, le malade se relève deux fois pour uriner. Il y a dix-huit mois se montrèrent quelques troubles gastriques, langue sèche, perte d'appetit, etc. ; en même temps l'état général s'est altéré et les troubles de la miction devinrent plus marqués (quatre ou cinq fois la nuit). Il y a quatre semaines, humaturie assez abondante survenue sans cause, le soir, et ayant duré pendant une seule miction. En dehors de cette hématurie, les urines ont toujours été claires. Le 27 avril, brusquement dans la soirée, rétention complète durant douze heures et pour laquelle il est sondé à Bichat. Depuis cette époque, les mictions sont devenues très fréquentes, le jour et la nuit, et fort douloureuses.

Le 13 juin, un nouveau cathétérisme difficile et suivi d'hématurie le décide à entrer à l'hôpital. Malade, amaigri, faciès jaunâtre, respiration courte et rapide, quelques râles d'emphysème, appétit disparu, constipation, athérome très net. Double hernie. Rein droit normal. On sent l'extrémité du rein gauche. Vessie très distendue, remontant à l'ombilic. Prostate : haute, volumineuse, très étalée et sans bosselures. L'urèthre est libre, sauf un petit anneau au niveau du cul-de-sac du bulbe et admettant le n° 18 : la traversée prostatique est longue, mais sans saillie appréciable. Urines claires.

Du 14 au 20 juin. Chaque jour les lavages sont faits matin et soir avec une solution de nitrate d'argent à 1 p. 100, à l'aide d'une sonde béquille n° 17. Sous l'influence de ce traitement, l'état général semble s'améliorer. Absence complète de fièvre, langue humide ; cependant, toujours anorexie complète et état d'apparence cachectique. Au point de vue local, ces lavages sont peu douloureux, les urines sont claires, mais l'évacuation complète est très douloureuse, et il faut toujours avoir soin de ne pas vider la vessie entièrement. De plus, à la suite de chaque lavage, il y a une polyurie très intense, et au bout d'une heure la distension est reproduite.

Le 22. État général moins bon, amaigrissement, quelques vomissements, polyurie, les urines sont toujours claires, même traitement. Le 24. État général s'aggrave encore, douleur très vive, distension vésicale se reproduisant après chaque lavage. On met une sonde à demeure. Le 25. Toujours même état, malgré la sonde à demeure, et le soir la température, restée jusque-là normale, monte brusquement à 39°. Le 26. Nuit très mauvaise, état presque comateux et plaintes continuelles du malade. La douleur semble être due à un véritable besoin d'uriner. Malgré l'état très grave, en présence des douleurs, on tente une taille hypogastrique.

Cystostomie. — Chloroforme ; pas de ballon de Petersen ; 200 grammes d'eau boriquée dans la vessie. Incision cutanée et musculaire de 10 centimètres environ, refoulement du cul-de-sac péritonéal, incision de la vessie, très près de la symphyse et sur une longueur de deux centimètres. Suture de la paroi vésicale au niveau de la partie inférieure de la plaie, de façon à affronter la muqueuse à la peau, avec quatre points de catgut. Au-dessus de la fistule hypogastrique, suture des muscles au catgut et de la peau au crin de Florence. Drainage de la vessie à l'aide d'un drain recouvert d'un pansement, pas de sonde à demeure. Pansement à la gaze iodoformée. Après l'opération, qui a duré environ un quart d'heure et avec une anesthésie très légère, le malade est très faible ; injection d'éther et de 80 grammes de sérum artificiel. À la suite de cette intervention, aucune amélioration, les douleurs sont aussi vives, la température reste élevée. Cependant le drainage de la vessie était parfait, rien ne stagnait dans le bas-fond. Mort à neuf heures du soir.

Autopsie, le 28 juin. — Le malade ayant subi la cystostomie, l'appareil urinaire est enlevé avec la symphyse : la vessie et l'urèthre sont ouverts sur la ligne médiane postérieure. L'urèthre est sain. La prostate est volumineuse ; hypertrophie totale, surtout marquée au niveau du lobe moyen, qui fait dans la vessie une saillie arrondie, volumineuse en forme de luette. A la coupe, le tissu prostatique est blanc, dur, avec une disposition lobulée, surtout marquée dans le lobe moyen. Vessie : la face interne très fortement congestionnée est d'une coloration rouge, violacée, ecchymotique, récente ; elle présente des colonnes très accusées. La paroi vésicale est très épaisse dans la moitié inférieure ; mince au contraire dans la moitié supérieure, surtout au niveau du sommet et de la face postérieure. Au niveau de l'embouchure de l'uretère gauche existe un petit néoplasme, blanc, mou, peu saillant, ulcéré, d'aspect épithélial, formant une plaque du volume d'une pièce de deux francs environ ; l'uretère est sain au milieu. L'uretère gauche est très dilaté dans toute sa partie supérieure, dilatation simple sans épaississement des parois, ni vascularisation. A son entrée dans l'excavation pelvienne, le conduit se rétrécit et s'engage au milieu d'un noyau de tissu fibreux, rétraité, adhérent au pourtour, qui représente un aspect de rétraction cicatricielle. A 4 centimètres au-dessus de l'embouchure existe une cassure du conduit, au niveau d'un repli valvulaire assez marqué, qui gène le cathétérisme, sans oblitérer. Au-dessous de cette cassure, l'urèthre est envahi par un noyau néoplasique blanc, mou, d'aspect épithélial, qui fait saillie dans son calibre et l'obstrue presque complètement. *Ce noyau ne paraît pas être en continuité directe avec le néoplasme vésical, mais lui est presque contigu.*

Rein gauche très diminué de volume : périnéphrite adipeuse assez volumineuse, peu adhérente au rein. Bassinet et calice très dilatés, à parois lisses, blanches, non vasculaires, à contenu urineux clair.

Parenchyme rénal très atrophié, scléreux, réduit en plusieurs points à une paroi fibreuse mince. Lésions typiques de dilatation aseptique.

Uretère droit : non dilaté, à parois un peu vascularisées et épaisses.

Rein droit : très volumineux ; surface rouge, congestionnée, semée d'arborisations vasculaires, sans abcès corticaux. A la coupe : bassinet vascularisé, non dilaté. Lésions de congestion récente, intense, sans traînées de suppuration. Lésions de néphrite infectieuse récente.

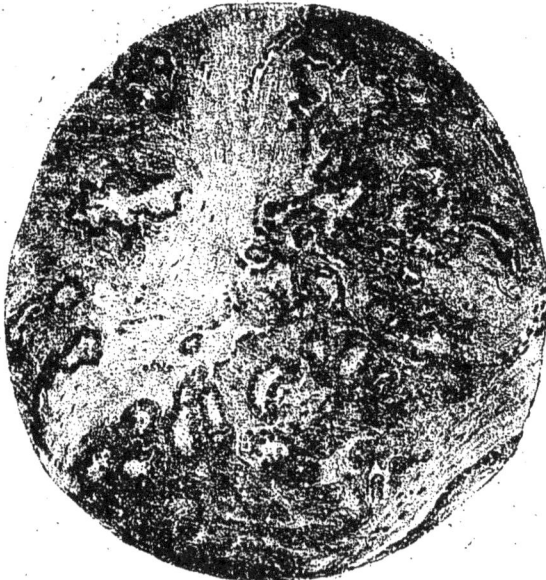

Fig. 2.

A l'examen histologique de la tumeur vésicale on trouve que les parois vésicales sont atteintes d'une dégénérescence fibro-adipeuse sans sclérose vasculaire. Elles sont infiltrées par les traînées,de cellules épithéliales qui arrivent jusqu'aux couches les plus profondes. En même temps on y trouve de très nombreux culs-de-sac glandulaires, tapissés d'épithélium cylindrique. La partie cavitaire de la tumeur présente la forme d'un épithélioma lobulé au milieu duquel on trouve plusieurs gros culs-de-sac glandulaires avec le même revêtement épithélial.

Tumeur urétérale, se présente sous la forme d'un épithélioma lobulé avec quelques culs-de-sac glandulaires.

OBSERVATION III.

Petite tumeur à peine visible, trouvée dans le bas-fond vésical à l'autopsie d'un prostatique infecté, mort à la clinique de Necker en 1898.

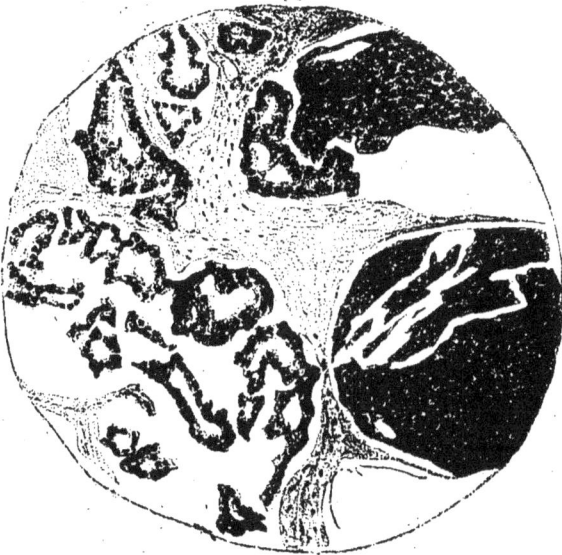

Fig. 3.

Muscle vésical atteint d'une dégénérescence granulo-graisseuse. Hypertrophie du tissu conjonctif inter et intrafasciculaire.

Dans la sous-muqueuse on trouve quelques rares plaques d'infiltration embryonnaire et de très nombreuses productions adénoïdes tapissées d'épithélium cylindrique.

La plupart de ces productions ont subi une dégénérescence épithéliomateuse et se présentent sous la forme de lobes. A la surface on trouve quelques papilles à l'axe conjonctif.

Prostate, qui n'est pas grosse présente une lésion nette *d'adéno-épithélioma*.

OBSERVATION IV.

Prostatique infecté, mort à la Clinique de Necker, le 29 mars 1899, sans aucun symptôme de néoplasie.

Autopsie. — *Urèthre* ne présente rien d'anormal. Prostate n'est pas grosse.

Vessie. — A colonnes et cellules. A gauche, tout près du col vésical, il se trouve un petit néoplasme sessile, large comme une pièce de deux francs.

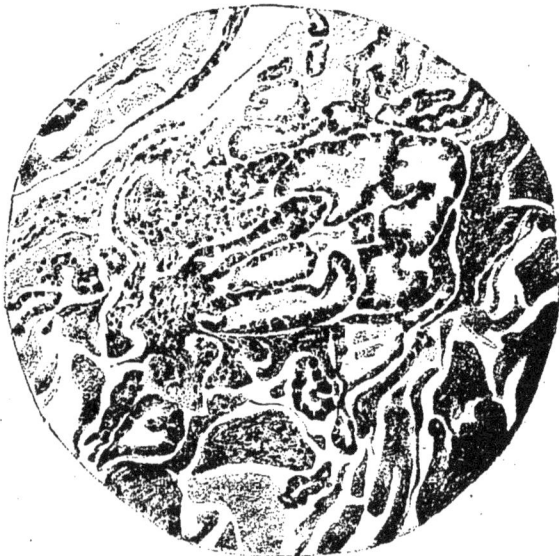

Fig. 4.

Uretères. — A bassinets dilatés.
Rein gauche. — Nombreux abcès miliaires.
Rein droit. — Atrophié.
Poumons. — Œdème et congestion.

Examen histologique de la tumeur vésicale. — La tumeur présente à la périphérie des espaces occupés par les boyaux épithéliaux plus ou moins grands ayant la forme de culs-de-sacs glandulaires. Leur revêtement épithélial est formé de cellules cylindriques assez irrégulières avec les noyaux à leur base. Le stroma est formé de traînées de tissu conjonctif très lâche.

L'infiltration néoplasique pénètre très profondément : on trouve des îlots formés de cellules épithéliales, au-dessous de la musculeuse. Le muscle est plus ou moins atrophié. La vascularisation est assez abondante.

Conclusion : *Adénome dégénéré.*

L'examen histologique *de la prostate* démontre l'existence d'un adéno-épithélioma.

RÉSULTATS ÉLOIGNÉS DE L'INTERVENTION CHIRURGICALE

DANS LES

TUMEURS DE LA VESSIE

PAR

Le Docteur B. MOTZ

L'opportunité de l'intervention chirurgicale dans les tumeurs vésicales n'est pas définitivement établie. M. Pousson, au Congrès de chirurgie de 1895, a présenté la statistique des tumeurs vésicales opérées par lui, d'où il résulte que les plus longues survies des malades opérés a été de deux à quatre ans. Ces résultats sont en contradiction apparente avec les statistiques de MM. Albarran et Clado.

M. Albarran, dans son Traité des tumeurs de la vessie, donne la statistique suivante :

	Bénignes.	Malignes.
Nombre des tumeurs.	48	97
Guérisons.	36	23
Récidives.	9	31
Morts.	3	43

M. Clado, en ajoutant à la statistique de M. Albarran les observations publiées depuis l'apparition du travail de M. Albarran, donne la statistique suivante :

	Tumeurs bénignes.	Tumeurs malignes.
Nombre des cas.	62	111
Guérisons.	49	28
Récidives.	9	34
Morts.	4	49

En présence des opinions si contradictoires, il m'a semblé intéressant de faire sur ce sujet des recherches et de voir que sont devenus les malades qui ont été opérés à la clinique de Necker ou en ville, par MM. Guyon et Albarran.

J'ai pu trouver des renseignements sur 55 cas qui ont été opérés depuis la publication du travail de M. Albarran.

Sur 9 malades opérés en 1892, huit malades sont déjà morts et le neuvième présente des symptômes de récidive.

Au point de vue histologique nous avons trouvé : 5 cas d'épithélioma avec 5 cas de mort.

1 cas de papillome, décédé.

3 cas sans examen histologique, un décès et une récidive.

Sur 5 malades opérés en 1893, trois sont déjà morts.

1 cas d'épithéliome, décédé en 1894.

2 cas de papillome, avec un décès, et un cas avec une récidive.

1 sans examen hist., décédé quelques jours après l'opération.

Sur 4 cas opérés en 1897, 3 sont morts.

2 cas d'épithéliome, avec 2 morts.

2 papillomes, 1 mort en 1898, l'autre va bien.

Sur 10 opérés en 1895, six sont morts.

5 cas d'épithéliome, 4 morts.

3 papillomes, 3 récidives.

2 cas sans examen histologique : un malade est mort 10 jours après l'opération, l'autre en 1898.

Sur 7 malades opérés en 1896, cinq sont morts.

5 épithéliomes, 5 morts.

1 papillome, va bien.

1 sans examen histologique, va bien.

Sur 12 cas opérés en 1897, il y a 7 morts.

5 épithéliomes, 4 morts.

6 papillomes, un cas de mort d'une embolie.

1 adénome, va bien.

Sur 6 opérés en 1898, trois sont déjà morts.

5 épithéliomes, 3 morts.

1 papillome, récidive.

Sur 5 opérés en 1899, trois sont morts.

3 épithéliomes, 2 morts.

1 fibro-myome, mort après l'opération.

1 papillome, va bien.

Il me semble que pour se faire une idée à peu près juste des résultats éloignés de l'intervention chirurgicale dans les tumeurs vésicales, nous devons arrêter notre attention seulement sur les malades, qui ont été opérés au moins il y a trois ans.

L'ensemble des résultats obtenus chez les malades opérés avant la fin de 1896, nous donne sur 35 opérés *dix* survies.

Sur 18 épithéliomas, nous n'avons constaté qu'une seule survie, sur neuf papillomes, sept survies avec quatre récidives.

Comme vous voyez, Messieurs, les résultats obtenus dans les tumeurs malignes sont tout à fait déplorables. Si vous examinez pourtant ces tumeurs enlevées pendant l'opération, vous verrez que dans la majorité des cas l'infiltration néoplasique n'a pas envahi ni le pédicule de la tumeur, ni la sous-muqueuse vésicale.

En présence de ces résultats, on peut se demander si on doit intervenir dans les cas de tumeurs qui, à l'examen endoscopique, produisent l'impression de tumeurs malignes.

Nous avons contre l'intervention chirurgicale ce fait signalé pour la première fois par M. Pousson, que les tumeurs opérées donnent une survie beaucoup moins longue que les tumeurs non opérées.

Il est impossible de se prononcer sur ce point et de prouver que les malades vivraient plus longtemps si on ne les opérait pas. Mon impression personnelle, basée sur l'étude d'un très grand nombre de néoplasmes, est la même que celle de M. Pousson.

J'ai été frappé de la rapidité avec laquelle survient la mort chez les néoplasiques opérés : la plupart des décès signalés plus haut ont eu lieu quelques semaines ou quelques mois après l'opération.

Malgré ces résultats déplorables, je pense que les chirurgiens ne doivent pas refuser l'opération à un malade dont la tumeur n'est pas infiltrée. Ils doivent l'opérer : 1° parce qu'il est quelquefois très difficile de faire à l'endoscope le diagnostic exact de la nature de la tumeur ; 2° parce qu'il y a, quoique rares, des cas de guérison des tumeurs malignes et j'en cite un dont la survie est de quatre ans ; 3° parce qu'il est très possible qu'avec le perfectionnement de la technique opératoire, on arrivera aux résultats un peu meilleurs.

Sans insister sur ce dernier point, je ferai remarquer que l'étude anatomo-pathologique des tumeurs enlevées me fait penser qu'en opérant, on doit chercher à faire plutôt des larges que des profondes résections de la vessie.